DENTRO DE
Borneo Salvaje

BLACKBIRCH PRESS

An imprint of Thomson Gale, a part of The Thomson Corporation

THOMSON

GALE

Detroit • New York • San Francisco • San Diego • New Haven, Conn. • Waterville, Maine • London • Munich

THOMSON

GALE

LIBRARY OF CONGRESS CATALOGING-IN-PUBLICATION DATA

Into wild Borneo. Spanish.
   Dentro de Borneo salvaje / edited by Elaine Pascoe.
     p. cm. — (The Jeff Corwin experience)
   Includes bibliographical references and index.
   ISBN 1-4103-0679-8 (hard cover : alk. paper)
    1. Zoology—Borneo—Juvenile literature.   I. Pascoe, Elaine.
II. Title. III. Series.
QL319.5.I5818 2005
591.9598'3—dc22
                                            2004029277

Printed in United States of America
10 9 8 7 6 5 4 3 2 1

Desde que era niño, soñaba con viajar alrededor del mundo, visitar lugares exóticos y ver todo tipo de animales increíbles. Y ahora, ¡adivina! ¡Eso es exactamente lo que hago!

Sí, tengo muchísima suerte. Pero no tienes que tener tu propio programa de televisión en Animal Planet para salir y explorar el mundo natural que te rodea. Bueno, yo sí viajo a Madagascar y el Amazonas y a todo tipo de lugares impresionantes—pero no necesitas ir demasiado lejos para ver la maravillosa vida silvestre de cerca. De hecho, puedo encontrar miles de criaturas increíbles aquí mismo, en mi propio patio trasero—o en el de mi vecino (aunque se molesta un poco cuando me encuentra arrastrándome por los arbustos). El punto es que, no importa dónde vivas, hay cosas fantásticas para ver en la naturaleza. Todo lo que tienes que hacer es mirar.

Por ejemplo, me encantan las serpientes. Me he enfrentado cara a cara con las víboras más venenosas del mundo—algunas de las más grandes, más fuertes y más raras. Pero también encontré una extraordinaria variedad de serpientes con sólo viajar por Massachussets, mi estado natal. Viajé a reservas, parques estatales, parques nacionales—y en cada lugar disfruté de plantas y animales únicos e impresionantes. Entonces, si yo lo puedo hacer, tú también lo puedes hacer (¡excepto por lo de cazar serpientes venenosas!) Así que planea una caminata por la naturaleza con algunos amigos. Organiza proyectos con tu maestro de ciencias en la escuela. Pídeles a tus papás que incluyan un parque estatal o nacional en la lista de cosas que hacer en las siguientes vacaciones familiares. Construye una casa para pájaros. Lo que sea. Pero ten contacto con la naturaleza.

Cuando leas estas páginas y veas las fotos, quizás puedas ver lo entusiasmado que me pongo cuando me enfrento cara a cara con bellos animales. Eso quiero precisamente. Que sientas la emoción. Y quiero que recuerdes que—incluso si no tienes tu propio programa de televisión— puedes experimentar la increíble belleza de la naturaleza dondequiera que vayas, cualquier día de la semana. Sólo espero ayudar a poner más a tu alcance ese fascinante poder y belleza. ¡Que lo disfrutes!

Mis mejores deseos,

DENTRO DE
Borneo Salvaje

ASIA

NORTEAMÉRICA

EUROPA

Océano
Atlántico

ÁFRICA

Océano
Pacífico

AMÉRICA
DEL
SUR

Océano
Pacífico

Océano
Indico

AUSTRALIA

Ranas voladoras, pitones, el raro mono narigudo, orangutanes—aquí están todos esos animales. La tercera isla más grande del planeta, Borneo está ubicado sobre el ecuador en el Mar de la China Meridional. Nuestra misión aquí es descubrir tantos animales como sea posible.

Me llamo Jeff Corwin.
Bienvenido a Borneo.

Para los naturalistas como yo, Borneo es un excelente lugar para explorar. Gran parte del hábitat aún se encuentra prístino. Es por eso que Borneo es el hogar de miles de animales salvajes, muchos de los cuales no se encuentran en ningún otro lugar del mundo.

Ahh, el sueño de los naturalistas.

Borneo es una isla muy espectacular.

Salimos con Burt.

El Río Kinabatangan serpentea a través de la parte este de Borneo. Aquí es donde espero encontrar al habitante más grande de la jungla, el elefante asiático. Estoy con Burt, un biólogo especializado en vida salvaje que está estudiando un grupo de elefantes en esta área.

Seguimos las huellas de elefantes en la tierra.

En una orilla del río podemos ver dónde esta manada se metió al agua y cruzó nadando el río, que tiene 100 pies (30,5 metros) de profundidad. Revisando la otra orilla descubrimos por dónde salieron. Hemos

Heces de elefante

¡Están ahí dentro!

encontrado sus huellas y sus heces. Estas sí son grandes, no como una manzana sino tan grande como una piña.

No nos lleva mucho tiempo encontrar a los elefantes. De hecho estamos rodeados por ellos. Me sorprende que un animal tan gigantesco pueda moverse tan rápido por el matorral y ser tan ágil.

¡Veo algo!

Estos animales son inmensos, poderosos y hermosos.

¿Lo ves?

Estos animales muy inteligentes están marcando su territorio con el sonido de sus trompas, nos hacen saber que saben que estamos allí. Es una advertencia. Quizás esto se convierta en un chiste de elefantes: "¿Qué hay entre los dedos de un elefante? Jeff Corwin."

Allí hay un grupo de elefantes...

...y saben que estoy aquí.

Estos elefantes no son parte de la manada principal. Son un grupo de adolescentes impredecibles que están alimentándose por su cuenta. Casi no los vemos. Pero ocasionalmente, vemos un colmillo, un ojo muy marrón o una larga trompa inquisitiva. La trompa de los elefantes es extremadamente importante. Este animal la usa para olfatear, sentir los olores. Uno lo está haciendo ahora, me está olfateando.

Una postura defensiva bastante común entre los elefantes es retroceder de espaldas hacia su adversario. No sólo pueden patearlo, sino que también son bastante acolchados en esta parte.

Los elefantes se ponen de espaldas a sus enemigos.

Por un momento parece que vamos a poder alejarnos de este grupo. Pero luego, nos encontramos accidentalmente en el medio de la manada. De repente la selva está llena de elefantes.

Hay adultos con bebés formando una línea defensiva. Ahora estamos en peligro. Burt me dice que debemos mantenernos firmes, pero no da resultado. Burt y yo encontramos una angosta vía de escape justo a tiempo.

He visto muchos elefantes en África y he visto elefantes en Tailandia. Pero nunca antes me había encontrado con elefantes selva adentro. Fue pavoroso y hubo momentos en que estuvimos realmente asustados. Pero fue una experiencia emocionante.

Después, haré algunos nuevos amigos. Más adelante se termina el camino y comienza nuestra aventura con los primates. Vamos a atravesar los matorrales y eventualmente encontrar un santuario de la fauna salvaje llamado Sepilok.

Con más de 10.000 acres de selva tropical, Sepilok ofrece la mejor oportunidad de protagonizar un encuentro cara a cara con un orangután en su hábitat selvático natural.

Este lugar apacible es el hogar de algunos orangutanes.

¿Qué tal este encuentro cara a cara?

No sólo podemos encontrar orangutanes salvajes, sino que podemos también hallar algunos habituados—es decir orangutanes que a través de un proceso de rehabilitación, están siendo reinsertados en la naturaleza salvaje. Ahora, si fueras turista, estarías limitado a ciertas partes del santuario de Sepilok. Pero yo tengo un permiso que nos permite salirnos de la ruta, así que podemos explorar un poco.

Justo delante de nosotros hay dos de los tesoros de Sepilok, una orangután hembra y su bebé. Lo que vemos es la historia de

Esta madre y su bebé volverán a la naturaleza.

un éxito de conservación en el momento en que sucede. Esta hembra fue en una época una mascota de colección, robada de la naturaleza y enjaulada. Cuando se puso muy difícil de controlar, se la abandonó a que muriera. Afortunadamente para ella, fue rescatada y traída a Sepilok, donde se le dio otra oportunidad de estar nuevamente en la naturaleza.

Faltan algunos añitos para que estos muchachos puedan vivir por sí solos.

No todos los jóvenes de Sepilok tienen madres. Estos dos orangutanes huérfanos también tienen una segunda oportunidad aquí. Pero pasarán de ocho a diez años antes que estos jóvenes estén listos para poder vivir en la naturaleza salvaje. Primero deben aprender a ser orangutanes salvajes. Deben aprender a treparse, a encontrar su comida y a relacionarse con otros orangutanes.

Un orangután joven tiene la fuerza de un ser humano adulto. Cuando es adulto, un macho puede pesar 200 libras (91 kilogramos) y tener la fuerza de hasta 8 hombres. ¿Dónde está toda esa fuerza? Está en esos poderosos brazos.

¡Estos pequeños son muy traviesos!

Una plataforma dentro de la reserva sirve de zona de seguridad a estos animales. A lo largo de los años que les lleva practicar, aprender y descubrir cómo volver a ser salvajes, éste es el lugar donde vendrán a buscar alimentos y a tener algún contacto con los humanos.

La plataforma es la zona de seguridad.

Si nos metemos más adentro en la selva, quizás podremos encontrar un orangután que esté viviendo por sí solo.

Mira allá arriba...

...es un nido de orangután.

Allí, a unos 35 ó 40 pies (10,7 ó 12,2 metros) hacia arriba, hay un nido de orangután. Un orangután construye un nido todas las noches, y éste puede estar hasta unos 60 pies (18,3 metros) de altura. Como puedes ver, éste está ocupado. El orangután está poniéndole hojas y trenzándolas en el marco del nido, acolchonándolo para que sea cómodo.

¡Mira, ahí está! Nos está mirando, haciendo ruido y sacudiendo las ramas. Nos está enviando un mensaje. Nos dice, "No les tengo miedo. Me mantengo firme. Están en mi territorio. Elegí un buen lugar para construir mi nido y no lo podrán tomar". Ante este aviso, recibimos el mensaje y continuamos.

Mira adentro de este recipiente. Ahora bien, quizás no te parezca oro, pero en Asia vale más que el oro. Este material gomoso ha sido recolectado del nido de un rabito-jo, un pájaro que vive dentro de cuevas. En Asia, se cree que este nido, que está construido con saliva y plumas, tiene muchas propiedades medici-nales. Y por su rareza y el gran esfuerzo que lleva recolectarlos, éstos son extremada-mente costosos.

¿Sabes qué es esto?

Es... la cosa del rabitojo.

En Borneo, los nidos de rabito-jos se encuentran en las Cavernas Goman-tong, sobre la costa este. Es un sistema masivo de cuevas con una enorme gruta central. Y no sólo es el hogar de estos pájaros sino también de murciélagos.

¿Han oído alguna vez el dicho "Hasta el cuello"? El piso de esta cueva, miren bien, sí, está compuesto de unas 8 pulgadas (20 centímetros) de guano de murciélago y de pájaro. Es un ecosistema increíble.

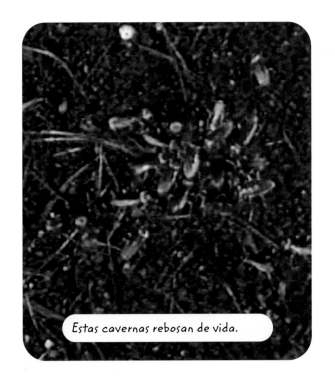

Estas cavernas rebosan de vida.

Todo aquí es parte natural del ciclo de la vida.

Los animales que viven arriba, los murciélagos y rabitojos, se alimentan de insectos voladores. Mientras tanto, su guano cae al piso, y si miras muy de cerca verás que hay millones de cucarachas, escarabajos y otros insectos comiéndose el excremento. A veces uno de los rabitojos recién salido del cascarón cae al piso, y se convierte en comida para las cucarachas y escarabajos. Es un poco triste, y no muy lindo que ver, pero es una parte natural de la vida.

Está oscuro aquí.

Estas luces y cámaras infrarrojas nos ayudan a encontrar los nidos...

Vamos a buscar nidos...

Hay gente aquí también, y su trabajo es encontrar y recolectar estos valiosos nidos de pájaros. Equipado con una pequeña cámara infrarroja, me subí al alto andamio que usan para mirar de cerca. Los nidos están a lo largo de toda la extensión más alta de las cuevas. Los recolectores se llevan los nidos antes que las

¡Ajá! Aquí hay uno.

hembras pongan sus huevos, entonces los pájaros construyen otro nido donde crían a sus pequeños. Luego, después de que los recién nacidos se van, los recolectores vuelven y se llevan los segundos nidos. De esta manera, la recolección se hace de manera muy sostenible.

Ahora vamos a ver algunos murciélagos.

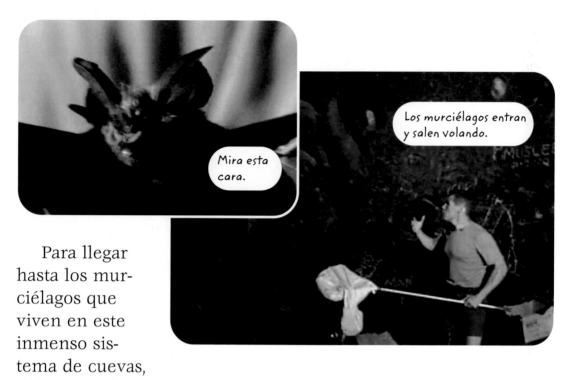

Mira esta cara.

Los murciélagos entran y salen volando.

Para llegar hasta los murciélagos que viven en este inmenso sistema de cuevas, debemos subir la montaña hasta una abertura cerca de la cima. Muchos de estos murciélagos entran y salen volando por una fisura que hay en las rocas de aquí.

He atrapado un murciélago. Es muy lindo. Debo tener mucho cuidado ya que no quiero que me muerda. Aún teniendo la vacuna antirrábica, no es bueno que te muerda, y éste está tratando de morder.

Hay muchas cosas que hacen que los murciélagos sean verdaderamente especiales. Por una parte, son los únicos mamíferos que realmente vuelan. Tienen alas especializadas hechas de piel resistente. Dentro del ala hay una estructura muy similar a una mano humana. Los murciélagos tienen dedos largos que abren y soportan estas alas.

Otro talento bastante único de los murciélagos es que usan la ecolocación. Es una capacidad para desplazarse y encontrar las cosas usando ondas sonoras. Los murciélagos envían ondas sonoras usando la boca o nariz. Cuando el sonido choca con un objeto, éste devuelve un eco. Los murciélagos pueden identificar el objeto por el sonido del eco. Incluso pueden distinguir el tamaño y la textura de un pequeño insecto por su eco. La mayoría de los murciélagos usan ecolocación para desplazarse en la oscuridad y encontrar comida. Es muy útil, porque los murciélagos habitan en cuevas oscuras y cazan de noche. Los murciélagos viven en todos los continentes excepto en la Antártida. Hay cerca de mil especies de estos increíbles mamíferos. Componen casi un cuarto de todos los animales de la Tierra.

Puedes realmente ver una mano dentro de esta ala.

Este es un precioso murciélago insectívoro, y está enviando una onda sonora de alta frecuencia. Mira el ala—en realidad es una mano. Puedes ver su pulgar y sus dedos. Y si miras justo arriba de la nariz, verás una cresta de piel con forma de herradura. Por eso se lo llama murciélago de herradura.

Aquí vienen...

Si estás aquí al atardecer podrás descubrir un nuevo significado de la palabra "enjambre". Esta caverna despide una gran nube de humo compuesta de millones de murciélagos, saliendo en espiral en busca de su comida nocturna.

Al amanecer ya me encuentro de nuevo en el río. Ahora, estamos buscando un animal que sólo se encuentra en Borneo, el recluido mono narigudo. No soy de levantarme temprano, pero creo que es la única manera de encontrar este animal.

Comienza mi misión matutina de buscar monos.

El mono narigudo es uno de los primates más raros del mundo. Tiene un hocico largo y grande y un abdomen redondeado. En realidad parece embarazado, porque tiene un abdomen enorme lleno de pliegues intestinales. Las hembras tienen una probóscide, o nariz, más pequeña. Los machos tienen una probóscide muy grande—de allí viene su nombre.

Me parece que veo algo...

Mira la narizota de este ejemplar.

Estamos de verdad rodeados de estos raros animales que se mueven por las ramas. Un macho que está justo encima de mí acaba de orinarme en la cabeza. Las cosas no van a ser mejores.

Lo que me gustaría ahora es encontrar una serpiente. Sigamos río abajo a ver que pasa.

Sigamos en búsqueda de serpientes.

Encontramos una pequeña tropa de macacos de cola larga, y se están acicalando.

El acicalarse es un comportamiento muy importante que se puede ver en muchos tipos de primates. Uno se sienta, generalmente de espaldas al otro, que comienza el acicalado. Pasa suavemente el dedo por el pelo, alrededor de las orejas, por todo el cuerpo, retirando cualquier piojo, garrapata o maraña de piel seca.

Sabes, siento una comezón un poco molesta en un lugar muy especial. Creo que sé de qué se trata—me convertí en un banquete para una sanguijuela. Se me subió por la pierna y se aferró a una fuente de sangre abundante.

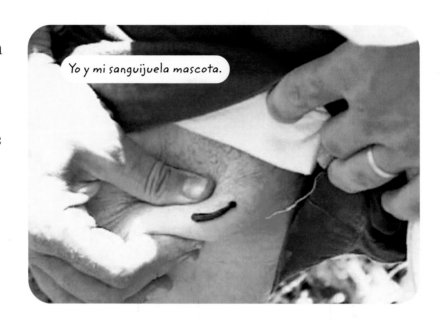

Yo y mi sanguijuela mascota.

Se quedará allí por unos minutos más y luego se soltará. Éste es un perfecto ejemplo de una relación entre un parásito y un huésped. Y, por supuesto, yo soy el huésped.

Estoy muy contento.

Mira las membranas.

Este animal es hermosísimo.

Estoy muy entusiasmado porque tengo en mis manos una rana que he querido capturar toda mi vida. Es la rana arborícola arlequín. No sólo es una rana que está hecha para vivir sobre la tierra, sino que a diferencia de otros animales puede planear. Mira los dedos. Al igual que la mayoría de las ranas, ésta tiene membranas entre los dedos. Pero mientras las demás las usan para nadar, ésta las usa para crear sustento mientras planea. Sencillamente, sus pies son como cuatro paracaídas.

Vamos, todavía quiero encontrar una serpiente.

Finalmente. La cosa es capturar esta serpiente sin que te muerda. Aunque no es mortal, es venenosa.

Una hermosa serpiente del manglar.

Esta es una serpiente del manglar y es absolutamente hermosa. Mira esos colores—hermosas franjas negras y amarillas. Estos colores son una manera de advertir a los potenciales predadores que es venenosa. Tiene una dieta variada, y come cualquier cosa desde pájaros, lagartos y otras serpientes hasta roedores.

Sus colores son una advertencia a los predadores.

Esta es una isla especial.

Estos maravillosos reptiles están en peligro de extinción.

Nuestro próximo destino es la Isla Bakkungan, en la costa noreste cerca del pueblo de Sandakan. Este trecho de playa de arena colmada de palmeras es extremadamente importante para un grupo especial de reptiles, las tortugas marinas. Hace cientos de

Las tortugas como éstas pueden reproducirse y anidar en Bakkungan.

años, las tortugas marinas anidaban por todas estas islas y toda la tierra firme. Pero, como el desarrollo humano ha quitado su hábitat, están en peligro de extinción. El Parque de la Isla de las Tortugas, que incluye Bakkungan, es uno de los últimos lugares en el planeta donde estos animales pueden traer una nueva generación al mundo.

Puesta del sol en Borneo

...y estoy esperando que lleguen las tortugas.

Al llegar la oscuridad, también llegan las tortugas marinas hembras. Son extremadamente sensibles a la luz y al sonido, por lo tanto debemos hablar en voz muy baja y alumbrar con luz tenue para no asustarlas. Una vez que las

Estos reptiles nadan con mucha gracia en el agua.

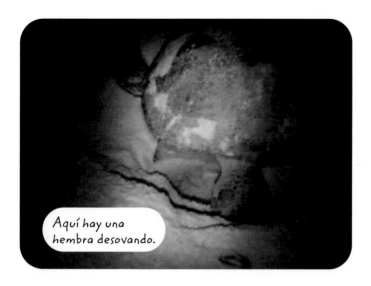

Aquí hay una hembra desovando.

Mira estos huevos de tortuga.

tortugas comienzan a poner huevos, ya no debemos preocuparnos tanto por no asustarlas.

Una de estas hembras pesa cientos de libras. Sale del océano y se sube a la playa usando solamente sus aletas. Luego con sus aletas traseras, cava un pozo para sus huevos. La cavidad del nido tiene aproximadamente entre 14 y 18 pulgadas (36 y 46 centímetros) de profundidad. En ella, la tortuga deposita de 40 a 190 huevos, cada uno más o menos del tamaño de una peloti-

ta de ping-pong. Cuando
termina, tapa el nido
con arena, la apisona,
y se va. Terminó su
tarea y se dirige de
vuelta al océano. No
volverá a aparecer por
estas playas por dos o
tres años.

Antes que cualquier
predador tenga la posi-
bilidad de cavar para
sacar estos huevos, el
jefe de guardabosques,
Alfred Adjew, y su
ayudante llevan los
huevos a la incubadora
de la isla. Esta franja de
arena esta llena de
miles de huevos, y cada
nido está protegido de
los predadores con una
malla metálica.

Ayudaremos a que estos huevos estén seguros.

Cada una de estas mallas metálicas protege un nido.

Aquí hay un nido donde están empezando a nacer.

¿Puedes ver una pequeña puntita para romper el cascarón?

Es emocionante, ¿no es cierto? Las tortugas de este nido han sido incubadas por unos 60 días. Y ahora han comenzado a empujar para salir de los cascarones. Si miras el extremo de la nariz del animal, verás una punta que usa para romper el cascarón.

El próximo paso es traspasar los bebés tortuga a un cubo y contarlos. Hay 32 aquí. En la vida silvestre, menos del 2 por ciento de estas tortugas lograría llegar al agua. Los agentes naturales o predadores matarían a casi todas. Con la intervención humana, 80 por ciento de los huevos producen cría. Esto les da a los bebés mayor probabilidad de sobrevivir.

Tan pronto como se los libera, los bebés tortuga se dirigen al océano. Y con un poco de suerte, en unos veinte años, volverán para poner sus huevos en la playa donde comenzaron sus vidas.

Ahora, los bebés tortuga se dirigen al océano.

No lo teníamos previsto, pero me enteré de otra área que es casi una leyenda entre los herpetólogos. Su nombre oficial es Palaltiga, pero todos la llaman Isla de las Serpientes.

La Isla de las Serpientes

Bajo estas piedras abundan las serpientes.

Un amigo amante de las serpientes una vez me la describió. Básicamente, me dijo que venir a este lugar es sentirse como un pequeño ácaro en la cabeza de Medusa—el monstruo de la mitología griega que tenía serpientes en lugar de cabello— porque todo alrededor de uno se retuercen unas serpientes impresionantes y venenosas. Para encontrarlas vamos a mirar debajo de las piedras donde a estos animales les gusta enterrarse.

Acá tengo una serpiente marina Laticauda colubrina venenosa.

Mira que hay acurrucado bajo esta piedra. Esta hermosa criatura en una serpiente marina Laticauda colubrina. Estas serpientes no son extremadamente agresivas, pero son muy, pero muy, venenosas. Voy a agarrarla como si estuviera muy caliente, y cuando digo caliente quiero decir peligrosa.

Esta serpiente marina tiene un remo en la cola.

Las serpientes marina Laticauda colubrina tienen una cabeza grande y roma.

¿No te parece hermosa esta serpiente? Estos animales son casi completamente marinos. Pasan el 90 por ciento de sus vidas en el océano abierto, nadando entre los arrecifes de coral en busca de anguilas, peces y otras presas. Mira eso, es una serpiente con un remo. Su cola es plana y con forma de remo, dándole una forma natural de propulsarse por el agua.

A juzgar por el tamaño de esta serpiente, creo que es hembra. Las hembras son más grandes que los machos, y ésta es enorme. Tiene cerca de 5 pies (1,5 metros) de largo, que es casi el máximo para estas serpientes. Produce una neurotoxina que paraliza el sistema nervioso de su presa. ¿Cuán potente es este veneno? Se dice que una cucharada de té de su veneno es suficiente como para matar unas 500 personas.

Esta especie de serpientes tiene la cabeza grande y roma tal como su pariente mortal, la cobra. Aquí hay un macho— míralo. Puedes ver la diferencia entre el macho y la hembra. Éste es mucho más pequeño. Lo voy a soltar.

Una cucharada de té del veneno puede matar unas 500 personas... tengo mucho cuidado.

Otra impresionante y emocionante experiencia en Borneo—
una hermosa serpiente marina Laticauda colubrina. Creo que éste
es un buen lugar para concluir nuestra travesía por esta tierra
increíble. Debemos tener en cuenta que los animales como los
que descubrimos aquí y los hábitats como la Isla de las Serpientes,
la selva tropical y el interior de esta tierra, son recursos limitados.
Si queremos tenerlos en nuestro futuro, debemos comenzar a con-
servarlos hoy. ¡Gracias por venir a Borneo!

Glosario

conservación preservación o protección

ecolocación navegación por ondas sonoras

ecosistema una comunidad de organismos

en peligro de extinción una especie cuya población es tan pequeña que corre riesgo de extinguirse

fisura una grieta o abertura

gruta cueva

guano excrementos de murciélago

hábitat un lugar donde las plantas y animales viven naturalmente

habituado reinsertado en la naturaleza después de una rehabilitación

heces excrementos de animal

herpetólogos científicos que estudian los anfibios y reptiles

insectívoros que se alimentan de insectos

mamíferos animales de sangre caliente que amamantan a sus bebés

neurotoxina veneno que daña el sistema nervioso

primate un tipo de mamífero que incluye a los monos, los simios y los humanos

prístino limpio y virgen

rehabilitación curarse y recuperar las fuerzas

santuario un lugar donde los animales están seguros y protegidos

selva tropical una selva donde llueve mucho

veneno sustancia tóxica que usan las serpientes para atacar a sus presas o defenderse

venenoso que tiene una glándula que produce veneno para auto defensa o para cazar

Índice